BEI GRIN MACHT SICH IHR WISSEN BEZAHLT

- Wir veröffentlichen Ihre Hausarbeit, Bachelor- und Masterarbeit

- Ihr eigenes eBook und Buch - weltweit in allen wichtigen Shops

- Verdienen Sie an jedem Verkauf

Jetzt bei www.GRIN.com hochladen und kostenlos publizieren

Ökologische Implikationen von Energiepflanzen

Christoph Block

Bibliografische Information der Deutschen Nationalbibliothek:

Die Deutsche Nationalbibliothek verzeichnet diese Publikation in der
Deutschen Nationalbibliografie; detaillierte bibliografische Daten sind
im Internet über http://dnb.d-nb.de abrufbar.

ISBN: 9783346686916
Dieses Buch ist auch als E-Book erhältlich.

© GRIN Publishing GmbH
Nymphenburger Straße 86
80636 München

Alle Rechte vorbehalten

Druck und Bindung: Books on Demand GmbH, Norderstedt Germany
Gedruckt auf säurefreiem Papier aus verantwortungsvollen Quellen

Das vorliegende Werk wurde sorgfältig erarbeitet. Dennoch
übernehmen Autoren und Verlag für die Richtigkeit von Angaben,
Hinweisen, Links und Ratschlägen sowie eventuelle Druckfehler keine
Haftung.

Das Buch bei GRIN: https://www.grin.com/document/1252963

Ökologische Implikationen des Energiepflanzenbaus

Transformation des Energiesystems, 4. Semester

Block, Christoph

Abstract

Diese Arbeit behandelt ökologische Implikationen, welche in Verbindung mit dem Anbau von Energiepflanzen stehen. Insbesondere wird dabei auf klimatische Effekte, Veränderungen der Boden- und Wasserqualität der landwirtschaftlichen Agrarflächen, sowie Auswirkungen des Energiepflanzenanbaus auf die Biodiversität eingegangen. Zudem wird untersucht, wie sich ein Ausbau des Energiepflanzenbaus verglichen mit den Folgen einer Klimaerwärmung auf das Ökosystem auswirkt und im Rahmen einer kritischen Diskursanalyse behandelt, wie sich der Diskurs um den Energiepflanzenbau historisch entwickelt hat.

Inhaltsverzeichnis

Abbildungsverzeichnis

1   Ökologische Implikationen des Energiepflanzenbaus

Um die Ziele des Pariser Klimaschutzabkommens, das im Jahr 2015 verabschiedet wurde, zu erreichen und die vor allem durch anthropogene CO_2-Emissionen verursachte, globale Erwärmung auf deutlich unter 2 Grad über dem vorindustriellen Niveau zu begrenzen, ist eine Transformation des Energiesektors von nicht-nachhaltigen, fossilen Energieträgern hin zu regenerativen Energien gerade angesichts des global kontinuierlich steigenden Energiebedarfs unausweichlich. Die Bundesregierung setzt dabei auf Dezentralisierung von Kraftwerken, wobei viele kleinere und leistungsschwächere Anlagen die bestehenden, leistungsstarken Großkraftwerke ersetzen sollen. Dabei ist ein Ausbau der Sektoren Wasserkraft, Photovoltaik, Windkraft und Bioenergie geplant. Der Bioenergiesektor nimmt als Teilbereich der erneuerbaren Energien eine bedeutende Rolle ein, sein Anteil beträgt in Deutschland im Rahmen der Primärenergieerzeugung 58 % der erneuerbaren Energien, bei der Stromerzeugung sind es 20% (BMEL 2019). Der gezielte Anbau von Energiepflanzen, welcher global einem Aufwärtstrend folgt, bietet dabei einen Weg zur Ertragsteigerung der Energiegewinnung aus Biomasse. Doch der ursprünglich geplante starke Ausbau des Biomassesektors wird inzwischen kontrovers diskutiert. Ein weltweiter Anstieg der Nahrungsmittelpreise in den Jahren 2007/2008 sorgte dafür, dass Flächennutzungskonkurrenzen zwischen Nahrungs- und Energiepflanzen in den Fokus der Öffentlichkeit rückten, außerdem sensibilisierten die Berichte über die voranschreitende Abholzung der brasilianischen und indonesischen Regenwälder breite Gesellschaftsbereiche für die Problematik, die mit Landnutzungsänderungen in Bezug auf den Energiepflanzenbau einhergeht (Meyer et al. 2007:27). Im Rahmen dieser Arbeit sollen Art und Ausmaß der ökologischen Folgen des Anbaus von Energiepflanzen untersucht werden. Insbesondere wird hierbei auf die Auswirkungen auf Boden- und Wasserqualität, die Klimabilanz, sowie Folgen für die Biodiversität eingegangen. Daraus ergibt sich die Frage, inwiefern sich die Energieproduktion mittels speziell angebauten Energiepflanzen verglichen mit der Energiegewinnung aus fossilen Energieträgern auf das zukünftige globale Klima, sowie die Biodiversität auswirkt. Zudem soll die Arbeit den historischen, öffentlichen Diskurs im Rahmen des Energiepflanzenanbaus kritisch analysieren.

1.1 Theoretischer Hintergrund: Kritische Diskursanalyse

Als Diskurs werden in dieser Arbeit institutionalisierte, gesellschaftliche Redeweisen verstanden, Michel Foucault bezeichnet dabei den Diskurs als die sprachliche Seite diskursiver Praxis (Jäger 2019:63). Hintergrund ist dabei die Wissenssoziologie, welche sich mit „Formen, Funktionen und Verteilungen bzw. Strukturierungen von Wissen in gesellschaftlichen Zusammenhängen" (Keller 2018:30) beschäftigt.

Diskurse bestehen somit aus einer Vielzahl von Aussagen, die mithilfe der kritischen Diskursanalyse verstanden und eingeordnet werden können (Jäger 2019:73). Das methodische Vorgehen impliziert im Rahmen dieser Arbeit die Analyse von Artikeln aus Tageszeitungen hinsichtlich ihrer Titel und Kernaussagen in Bezug auf den Energiepflanzenbau. Tageszeitungen eignen sich besonders als Medium, da sie diskursbezogene Äußerungen legitimierter Sprecher wiedergeben (Mertens 2008:23). Somit lässt sich der Diskurs in verschiedene Diskursstränge aufteilen, wobei Kernaussagen und deren Häufung besser verstanden werden können (Jäger 2019:74). Zudem wird besonderes Augenmerk auf die historische Dimension des öffentlichen Diskurses gelegt, um dessen zeitliche Veränderungen aufzeigen zu können.

Des Weiteren werden in Deutschland relevante diskursive Ereignisse betrachtet. Unter diesen werden Ereignisse verstanden, welche die Richtung des Diskurses maßgeblich bestimmen (Jäger 2019:74).

1.2 Ablauf der kritischen Diskursanalyse

Im ersten Teil der Arbeit soll der Kontext des Diskurses um den Themenbereich des Energiepflanzenbaus erläutert werden, wodurch Bedeutungen von Äußerungen vor einem wissenschaftlichen Hintergrund besser eingeordnet werden können (Jäger 2019:76). Hierzu zählen die Betrachtung der Klimabilanz verschiedener Energiepflanzen verglichen mit der Klimabilanz fossiler Energieträger, die Auswirkungen auf Wasser- und Bodenqualität, sowie die Folgen für die Biodiversität. Dabei sollen verschiedene wissenschaftliche Studien zusammengefasst und ausgewertet werden. Zusätzlich wird anhand einer Studie von Herbes et al. aus dem Jahr 2014 betrachtet, inwiefern sich der öffentliche Diskurs in Bezug auf Energiemais als Beispiel für Energiepflanzen entwickelt hat. Im nächsten Schritt werden Aussagen aus Zeitungsartikeln, welche für den Diskurs um Energiepflanzen typisch sind, gesammelt. Im Rahmen der Analyse wird hierbei versucht aus der Vielzahl von Aussagen mithilfe einer systematischen Analyse rhetorischer Mittel, wesentliche und diskursbestimmende Kernaussagen zu rekonstruieren (Jäger 2019:76). Dabei soll auch ein Bezug zu richtungsbestimmenden diskursiven Ereignissen wie beispielsweise den verschiedenen Novellierungen des EEG hergestellt werden.

2 Ökologische Implikationen des Energiepflanzenbaus

Der Anbau von Energiepflanzen zieht diverse ökologische Implikationen nach sich. In Abbildung 1 sind die wichtigsten mit dem Energiepflanzenbau verbundenen Wirkkomplexe aufgeführt und die dadurch gefährdeten Schutzgüter zugeteilt.

Schutzgut	Wirkkomplex
Boden	Bodenerosion durch Wind und Wasser
	Bodenverdichtung
	Veränderung des Humusgehalts
	Nährstoffaustrag
	Schadstoffaustrag
Wasser	Veränderung des Grundwasserdargebots
	Nährstoffaustrag
	Schadstoffaustrag
Luft und Klima	Veränderung des Mikro-, Lokal- und Regionalklimas
	Emissionen
Tiere und Pflanzen	Veränderung von Lebensräumen
Landschaftsbild und Erholung	Veränderung des Landschaftsbildes

Abbildung 1: Wirkkomplexe des Energiepflanzenanbaus (Meyer et al. 2007:132)

2.1 Begriffserklärungen

Energiepflanzen sind Pflanzenarten, welche eigens angebaut werden, um eine spätere energetische Nutzbarkeit zu ermöglichen. Pflanzen speichern mittels der Photosynthese die Strahlungsenergie des Sonnenlichts in Form von chemischer Energie. Diese kann wiederum durch den Menschen genutzt werden, wobei je nach Verwendungsbereich eine hohe Energiedichte oder eine hohe Biomasseproduktion der Pflanzen von Vorteil sind. Man unterscheidet dabei zwischen Pflanzenarten mit großen Mengen an Lignocellulose und einer hohen Produktion von Biomasse, was neben Silomais alle Getreidearten miteinschließt, Ölpflanzen wie die Sonnenblume und der Raps, welche einen hohen Anteil an energiereichen Pflanzenölen enthalten, sowie Stärkepflanzen wie die Zuckerrübe, die sich zur Herstellung von Bioethanol eignen (Baumann et al. 2007:18). Diese sind nicht ausschließlich für die Energiegewinnung geeignet, sondern können häufig auch als Nahrungsmittel verwendet werden und zählen damit zu den Bioenergieträgern der ersten Generation, während mehrjährige Rotationsgehölze wie Weiden, sowie Algen, die als Bioenergieträger fungieren, als zweite Generation der Bioenergieträger bezeichnet werden, da sie nicht gleichzeitig als Nahrungsmittel einsetzbar sind (Cadillo-Benalcazar et al. 2021:2). Die Gesamtheit der organischen Substanz, welche zur Energiegewinnung verwendet werden kann, wird als Biomasse bezeichnet. Dazu zählen eigens angebaute

Energiepflanzen aber auch Abfallprodukte wie Schnittreste aus der Holzindustrie und organische Stoffe, die bereits einen Umwandlungsprozess durchlaufen haben, beispielsweise von Holz zu Papier (Meyer et al. 2007:29). Auch eine Einteilung nach traditioneller Biomasse, welche aus Abfallprodukten besteht und in kleinem Maßstab verwendet wird und moderner Biomasse, die gezielt erzeugt wird und fossile Brennstoffe substituieren soll (Meyer et al. 2007:30), ist möglich. Insgesamt wurden im Jahr 2020 in Deutschland auf 2,34 Millionen Hektar Energiepflanzen angebaut, wovon etwa 1 Million Hektar auf den Maisanbau zur Biogasgewinnung und 782.000 Hektar auf den Rapsanbau zur Biodieselerzeugung entfielen (BMU 2021). Auf der übrigen Fläche werden hauptsächlich Zucker- und Stärkepflanzen angebaut.

2.2 Auswirkungen auf Böden und die Grundwasserqualität

Der gezielte Anbau von Energiepflanzen kann die Bodenqualität der landwirtschaftlichen Nutzflächen, sowie die Grundwasserqualität negativ beeinflussen. Die größten Gefahren sind hierbei Humusverlust, Erosion, sowie die Kontamination des Grundwassers durch mineralische Dünger. Diese treten vor allem bei Anbau in Reinkultur und schlechter Fruchtfolge auf, allerdings können auch Unfälle in Biogasanlagen mit Schadstoffeinträgen ins Grundwasser die Ursache sein.

Gerade in Reinkulturen, in denen Energiepflanzen für die Biogaserzeugung angebaut werden, werden häufig die ganzen Pflanzen geerntet, um das Biomassepotential der Agrarfläche voll auszuschöpfen, während bei Pflanzen für die Nahrungsmittelversorgung nur die Früchte geerntet werden. Infolgedessen verbleiben kaum Pflanzenreste auf den Flächen, wodurch die Reproduktion der Humusschicht jedes Jahr vermindert wird (Baumann et al. 2007:27). Ein Vergleich von Studien, in welchen die Folgen einer vollständigen Pflanzenentfernung und einer Nullentfernung gegenübergestellt werden, ergibt, dass durch eine komplette Entfernung der Pflanzen chemische und physikalische Bodeneigenschaften und die Pflanzenproduktion stark negativ beeinflusst werden (Blanco-Canqui 2010:403). Da auf den Agrarflächen zurückgelassene Erntereste wertvolle Pflanzennährstoffe wie Calcium, Stickstoff oder Magnesium enthalten, verursacht eine vollständige Entfernung negative Veränderungen in Bezug auf den Nährstoffhaushalt und die Kationenaustauschkapazität, wodurch die Erträge von Jahr zu Jahr sinken (Blanco-Canqui 2010:403).

Die vollständige Entfernung der Pflanzen macht Agrarböden außerdem anfälliger für Wasser- und Winderosion, wobei Degradation des Bodens und erhöhte Erosionsraten als Folgen des Humusabbaus betrachtet werden können. Mechanische Bodenbearbeitung und eine unvollständige, pflanzliche Bodenbedeckung erhöhen das Risiko für Erosion (Meyer et al. 2007:133). Beim Anbau von Zuckerrüben wird das Bodensubstrat stark zerkleinert, während beim Anbau von Silomais der Boden nur unvollständig bedeckt ist (Meyer et al. 2007:133). Erhöhte Erosionsraten sind die Folge. Da die organische Bodensubstanz für den Wasserhaushalt und Filterungsprozesse essentiell ist, erhöht deren Verringerung außerdem das Risiko für Bodenverdichtung, zudem verringert sich die Zahl der Makroporen, Bodenbelüftung und Wasserinfiltration werden ebenfalls verschlechtert (Blanco-Canqui 2010:403).

Diese Effekte können durch die für besonders ertragreiche C4-Pflanzenarten wie Silomais charakteristische relativ spät angesetzte Aussaat und die sowohl langsam voranschreitende als auch unvollständige Bodenbedeckung noch verstärkt werden (Glemnitz 2010:182).

Auch auf das Grundwasser kann intensiv betriebener Energiepflanzenbau negative Auswirkungen haben, wobei vor allem in den Düngemitteln enthaltene Stickstoffverbindungen problematisch sind. Eine Kontamination des Grundwassers durch Nitrate tritt einerseits bei starkem Einsatz von Düngemitteln auf, welche Phosphat- und Stickstoffverbindungen enthalten und durch Regenwasser aus dem Boden geschwemmt werden (Baumann et al. 2007:27), andererseits können auch Unfälle im Zusammenhang mit der Biogasproduktion erhebliche Mengen gefährlicher Stoffe freisetzen. So ereigneten sich im Jahr 2017 in Deutschland 32 Unfälle in Biogasanlagen, wobei 5,5 Millionen Liter an wassergefährdenden Stoffen freigesetzt wurden, wobei die Dunkelziffer aufgrund fehlender Unfallmeldungen deutlich höher liegt (Fendler et al. 2019:6). Somit kann sich der düngerintensive Energiepflanzenbau in schlechterer Grundwasserqualität und Schadstoffbelastungen in der Anbauregion niederschlagen.

Nicht nur die Grundwasserqualität, sondern auch die Grundwasserquantität werden vom Energiepflanzenbau beeinflusst. Auch wenn in Deutschland Agrarflächen größtenteils mit Regenwasser bewässert werden, werden dennoch große Wassermengen aus Grundwasserreservoirs für die lokal im Energiepflanzenbau zur Ertragssteigerung praktizierte Feldberegnung verwendet; die durch den Klimawandel erwartete, zunehmende sommerliche Trockenheit kann außerdem dazu führen, dass die Grundwasserressourcen unter dem Maisanbau leiden (Goldscheider 2021:2).

2.3   Klimabilanz des Energiepflanzenbaus

Die aus Energiepflanzen gewonnene Energie wird oft als CO_2 neutral bezeichnet, da der bei Verbrennung freigesetzte Kohlenstoff zuvor von den Pflanzen aus der Atmosphäre aufgenommen wurde und die Kohlenstoffmenge in der Atmosphäre somit über den gesamten Kreislauf gleichbleibt (Müller-Lindenlauf 2013:58), während bei fossilen Energieträgern unterirdische CO_2 Lagerstätten aufgebrochen werden und vor Millionen von

Jahren unterirdisch gespeichertes CO_2 in die Atmosphäre freigesetzt wird. Trotzdem haben auch der Anbau und die Verarbeitung von Energiepflanzen Auswirkungen auf das Klima, da zwar im Vergleich zu fossilen Energieträgern bei der Verbrennung weniger CO_2 freigesetzt wird, andererseits jedoch weitere relevante Treibhausgase wie Methan, Lachgas und Schwefelflourid-Verbindungen in die Atmosphäre gelangen können (Kern 2018:315). Zudem muss beim Einsatz von Bioenergie aus Energiepflanzen der gesamte Lebensweg des Endprodukts betrachtet werden, da auch bei Anbau, Transport, Umwandlung und Verbrennung CO_2 und andere klimarelevante Gase entstehen (Bräuninger et al. 2008:55). Die Auswirkungen diverser Treibhausgase werden in CO_2 Äquivalenten dargestellt, um eine bessere Übersichtlichkeit zu gewährleisten.

Um den Vergleich zwischen Energie aus Energiepflanzen und Energie fossilen Ursprungs ziehen zu können, ist das Erstellen einer Klimabilanz notwendig. In diese fließen alle Treibhausgasemissionen ein, die im Laufe des Lebenswegs eines Energieträgers, im Fall der Energiepflanzen also während Anbau, Verarbeitung, Transport und Verbrauch, anfallen.

Im Folgenden werden die wichtigsten klimarelevanten Gase genannt, die während der Energiegewinnung aus Energiepflanzen emittieren. Zudem werden ihre klimatischen Effekte erklärt.

2.3.1 CO_2 Emissionen

Auch wenn Energiepflanzen kein fossiles CO_2 freisetzen, fallen im Verlauf ihres Lebensweges CO_2 Emissionen an, die sich in der Klimabilanz niederschlagen.

Zum einen ist zu berücksichtigen, dass allein der Anbau von Energiepflanzen bereits andere Nutzungsformen der Fläche wie Naturwald, Brachflächen oder eine andere agrarische Nutzungsform ausschließt (Bräuninger et al. 2008:56). Man spricht hierbei von einer direkten Landnutzungsänderung. Klimawirksame Emissionen treten dabei vor allem dann auf, wenn die Erschließung von Anbauflächen Landflächen betrifft, die ein hohes Potential zur Speicherung von CO_2 besitzen. Diese werden auch als Kohlenstoffsenken bezeichnet, zu ihnen zählen vor allem Wälder und Regenwälder, da diese eine viel höhere Menge an Biomasse und somit Potential zur Kohlenstoffbindung besitzen als Agrarflächen, aber auch Torfmoore und Grünflächen, deren Böden im Vergleich zu agrarischen Anbauflächen besonders viel CO_2 binden können (Fritsche et al. 2010:694f).

Auch indirekte Landnutzungsänderungen haben Effekte auf die Treibhausgasbilanz und müssen berücksichtigt werden. Diese treten auf, wenn direkte Effekte der Bioenergieproduktion an Orte außerhalb der Systemgrenzen verlagert werden. Indirekte Landnutzungseffekte finden statt, wenn die ursprüngliche Nutzungsform in andere Länder verlagert wird und dort ihrerseits eine Landnutzungsänderung auslösen (Fritsche et al. 2010:695).

Exemplarisch für eine klimawirksame indirekte Landnutzungsänderung ist der fortschreitende Ölpalmenanbau auf der größtenteils zu Indonesien gehörende Insel Borneo. Dort wird auf Torfböden wachsender Regenwald gerodet, um Platz für lukrative Ölpalmenplantagen zu schaffen (Müller-Lindenlauf 2013:59). Die Anbaufläche für Ölpalmen in Indonesien stieg von 2,2 Millionen Hektar im Jahr 1996 auf 5,2 Millionen Hektar im Jahr 2003 (Potter 2016:69). Die Ölpalmenplantagen können aufgrund ihrer geringeren Wuchshöhe und der Veränderung der Bodenzusammensetzung viel weniger CO_2 speichern als die ursprüngliche Vegetation, man spricht hierbei von einem klimawirksamen Landnutzungsänderungseffekt. Allerdings können bestimmte Energiepflanzen auch mittelfristig CO_2 speichern. Vor allem mehrjährige Pflanzen, wie beispielsweise Weiden auf Kurzumtriebsplantagen, können in der oberirdisch wachsenden Biomasse, sowie ihrem Wurzelbereich größere Mengen an CO_2 einlagern (Fritsche et al. 2010:695), daher kommt es beim Erstellen der Klimabilanz darauf an, welche Landnutzungsform durch den Energiepflanzenbau verdrängt wurde und welche Arten angebaut werden.

Des Weiteren fallen auch beim Transport von Energiepflanzen und der daraus hergestellten Endprodukte CO_2 Emissionen an. Dadurch, dass unverarbeitete Biomasse sowohl eine viel niedrigere Energiedichte als auch ein wesentlich höheres Transportvolumen und Transportgewicht besitzt als die Endprodukte Biodiesel, Biogas oder auch fossile Energieträger, ist vor allem am Beginn des Lebensweges ein wesentlich höherer Transportaufwand gegeben, welcher sich in erhöhten CO_2 Emissionen im Verkehrssektor äußert (Bräuninger et al. 2008:55).

Auch der Verarbeitungsprozess der Energiepflanzen zu Biogas oder Biokraftstoffen verursacht CO_2 Emissionen. Hierbei ist wieder nach Effizienz der angebauten Arten zu unterscheiden. Während brasilianisches Zuckerrohr bei Betrachtung von zugeführter fossiler Energie zur nach der Konversion in Form von Bioenergieträgern erhaltenen Energie eine Energieeffizienz mit dem Verhältnis 1:8 besitzt, erweisen sich Raps mit einem Verhältnis von 1:2,5 und Silomais mit einem Verhältnis von 1:1,5 als wesentlich ineffizienter (Bräuninger et al. 2008:57).

2.3.2 NO$_2$ Emissionen

Neben Kohlenstoffdioxid hat auch Lachgas (Distickstoffmonoxid) mit einem CO_2 Äquivalent von 297 eine starke Auswirkung auf das Klima. Raps und Mais haben einen hohen Stickstoffbedarf, der bei mehrjähriger Nutzung der landwirtschaftlichen Fläche nur durch Zugabe von mineralischen Düngemitteln auf Stickstoffbasis gedeckt werden kann. Dabei wird einerseits bei der Düngung von Energiepflanzenkulturen das, durch im Boden lebende, stickstoffumwandelnde Mikroorganismen, gebildete Lachgas in die Atmosphäre freigesetzt, anderseits emittiert auch bei der Verbrennung von Biokraftstoffen in den Pflanzen gespeichertes NO_2 in die Atmosphäre (Scholz 2010:5). Auch der für die Produktion von Düngern auf Stickstoffbasis hohe erforderliche Energieaufwand ist in Klimabilanzen von Energiepflanzen zu berücksichtigen, da der Energiebedarf hierfür teilweise aus nicht-regenerativen Energiequellen stammt.

2.3.3   Methanemissionen

Auch das in Biogasanlagen durch Vergärung von Energiepflanzen und landwirtschaftlichen Abfallstoffen gewonnene Methan ist mit einem CO_2 Äquivalent mit dem Faktor 11 ein starkes Treibhausgas. Es wird zum Betreiben von Turbinen zur Stromerzeugung eingesetzt und ins Gasnetz eingespeist. Aus mit veralteter oder mangelhafter Technik ausgestatteten Biogasanlagen können dabei erhebliche Mengen des klimarelevanten Methans in die Atmosphäre entweichen. Etwa 5% des in deutschen Biogasanlagen produzierten Methans entweichen aus unzureichend abgedichteten Anlagen, Gärrestlagern und Biogasmotoren (Fendler et al. 2019:10). Dies entspricht einer jährlich entweichenden Menge von 300.000 t Methan und kann so dazu führen, dass Biogasanlagen eine negative Klimabilanz aufweisen (Fendler et al. 2019:10). Sicherheitstechnische Überprüfungen deutscher Biogasanlagen ergaben, dass „zwischen ca. 70% und 85% der geprüften Biogasanlagen erhebliche sicherheitstechnische Mängel aufweisen" (Fendler et al. 2019:3).

2.3.4   Klimabilanzen verschiedener Energiepflanzen

Die Treibhausgasbilanzen verschiedener Energiepflanzenarten fallen unterschiedlich aus. In der Abbildung 1 werden pflanzliche Energieträger mit fossilen Brennstoffen hinsichtlich ihrer Klimawirksamkeit verglichen. Bei negativen Werten ergibt sich dabei ein Vorteil des Bioenergieträgers gegenüber einem fossilen Energieträger hinsichtlich des CO_2 Äquivalents, während positive Werte darauf hinweisen, dass eine Verwendung mehr Treibhausgase emittiert als fossile Energieträger. In dieser Bilanz werden der gesamte Anbauprozess, die Verarbeitung und der Transport, sowie direkte Landnutzungsänderungseffekte berücksichtigt, wohingegen indirekte Landnutzungsänderungseffekte aufgrund ihrer Komplexität nicht impliziert wurden.

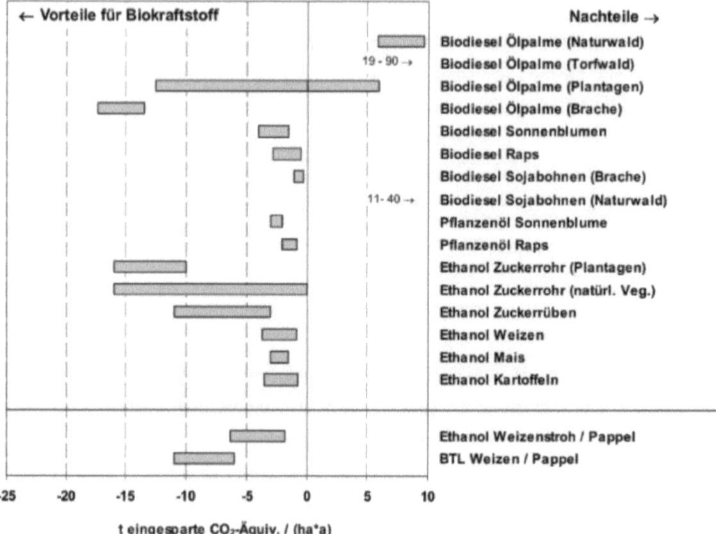

Abbildung 2: Treibhausgasbilanz je Hektar Anbaufläche für Bioenergieträger (Müller-Lindenlauf 2013:60)

Die Abbildung 2 zeigt, dass sowohl Biodiesel aus Ölpalmen, der auf tropischen Brachflächen angebaut wird, als auch Zuckerpflanzen eine gute Treibhausgasbilanz aufweisen. Hier können Treibhausgaseinsparungen gegenüber fossilen Energieträgern verzeichnet werden. Ölpalmen hingegen, welche Regenwälder und Wälder auf Torfböden ersetzt haben, weisen sogar einen stark negativen Effekt auf und haben demnach sogar eine wesentlich schlechtere Klimabilanz als fossile Treibstoffe. Dabei spielen vor allem Landnutzungsänderungen eine Rolle. Kraftstoffe aus Raps und Mais haben nur einen geringen positiven Effekt auf das Klima und somit das Ökosystem.

Dabei spielt auch die Art der Anlage, in welcher die Biomasse aus dem Energiepflanzenbau verwertet wird, eine Rolle. Biogasanlagen mit effizienten Kraft-Wärme-Kopplungen und optimierten Abdichtungen haben eine höhere Energieeffizienz, sowie weniger Methanemissionen, wodurch sich eine bessere Klimabilanz ergibt.

2.4   Auswirkungen auf die Biodiversität

Eine Ausweitung des Energiepflanzenanbaus stößt auch bei Naturschützer*innen auf Widerstand. Grund hierfür ist der oftmals in großflächigen Reinkulturen praktizierte Anbau, welcher in vielen Fällen mit hohem Einsatz von Dünge- und Pflanzenschutzmitteln einhergeht und so die Artenvielfalt und Nutzung der Agrarökosysteme als Habitate gefährdet.

2.4.1 Intensivierung der Landwirtschaft und Reinkulturen

Mit der Einführung des Bonus für nachwachsende Rohstoffe im Rahmen des EEG im Jahr 2009 steigerte sich das Ausmaß des Energiepflanzenbaus in Deutschland um 32 Prozent, wobei der größte Anteil dabei auf Silomais entfiel (Bosch et al. 2011:115). Die damit verbundenen negativen Auswirkungen auf Biodiversität und Landschaftsbild wurde von Naturschützer*innen und Anwohnern wahrgenommen und kritisiert, in Deutschland prägten sich in diesem Rahmen die Begriffe der „Vermaisung" oder auch „Maiswüste" (Megerle 2013:154).

Tatsächlich waren starke Rückgänge in der Artenvielfalt der intensiv bestellten Agrarflächen Deutschlands zu beobachten, welche durch den zunehmenden Energiepflanzenbau noch verstärkt wurden. So wurde zwischen den Jahren 1990 und 2013 ein deutlicher Rückgang der Vogelbestände verzeichnet, betroffen waren vor allem der Kiebitz mit einer Bestandsverringerung um 80 Prozent, das Braunkehlchen mit 63 Prozent und die Uferschnepfe mit 61 Prozent (BMU 2021).

Als Ursache hierfür wird die in der deutschen Landwirtschaft vielerorts praktizierte Konzentration des Anbaus auf einige wenige Fruchtarten gesehen, welcher sich auch in der Energiepflanzenproduktion widerspiegelt. Viele Tierarten sind jedoch auf die Verfügbarkeit von Rückzugsorten wie Gehölzen, Wildblumenwiesen, sowie Brachflächen angewiesen, fehlen diese, kommt es zu einem Rückgang der Bestände und der Artenvielfalt (Glemnitz et al. 2008:178). Die Aussetzung der gesetzlichen Stilllegungspflicht für Brachflächen im Jahr 2008 erlaubte den europäischen Landwirt*innen, auf stillgelegten Brachflächen Energiepflanzen anzubauen, wodurch sich die Gefahr für die Artenvielfalt in landwirtschaftlich ohnehin schon stark beanspruchten Gebieten weiter erhöhte (Glemnitz et al. 2008:180). Da jede Fruchtart spezifische Zönosen aufweist, tragen ein häufiger Fruchtwechsel, sowie Anbau in Mischkulturen zur Erhöhung der Biodiversität bei, während mehrjähriger Reinkulturanbau die Artenvielfalt bedroht. Schlüssel für den Erhalt der Artenvielfalt ist daher eine möglichst abwechslungsreiche Fruchtfolge und Anbau in Mischkulturen.

Die heftige Kritik am intensivierten Energiemaisanbau führte zu einer Veränderung des entsprechenden Abschnitts des EEG, seit dem Jahr 2014 darf der Anteil an Silomais an der in Biogasanlagen verarbeiteten Biomasse nur noch 60 Prozent betragen, wodurch sich die Diversität der Energiepflanzen zugunsten blütenreicherer Wildpflanzen erhöhte (Megerle 2013:154). Möglichkeiten zur Erhöhung der Artenvielfalt und Schaffung von Rückzugsräumen bieten hierbei vor allem Kurzumtriebsplantagen mit mehrjährigen Gewächsen, zu nennen sind vor allem Pappeln, Weiden und Robinien als holzige

Gewächse, sowie Miscanthus, Ackergräser und Artenmischungen als mehrjährige Pflanzen aus der Kategorie der Feldkräuter (Meyer et al. 2010:30).

2.4.2 Folgen des Einsatzes von Pflanzenschutzmitteln und Düngern

Unter den Energiepflanzen erfordern besonders die Energiemaissorten mit besonders hohem Ertragspotential eine erhöhte Zufuhr von Mineraldüngern und Pestiziden (Meyer et al. 2007:136). Dies hat aufgrund von Überdüngung Folgen für viele Pflanzenarten, welche an weniger nährstoffreiche Böden angepasst sind. Auch der für die Biodieselproduktion verwendete Raps ist besonders vulnerabel gegenüber Krankheiten und Schädlingsbefall, da die Vulnerabilität bei kleinerer Vielfalt der Kulturen steigt, daher müssen größere Pestizidmengen eingesetzt werden, zudem hat er einen hohen Stickstoffbedarf, was zur Auswaschung von Rückständen in Wasserläufe und schlussendlich ins Grundwasser führen kann (Meyer et al. 2007:137).

2.4.3 Studie zu Auswirkungen erhöhten Energiepflanzenbaus auf die Biodiversität

Abschließend soll bei der Betrachtung der Auswirkungen des Energiepflanzenbaus noch die Studie von Hof et al aus dem Jahr 2018 eingebunden werden. In dieser wird verglichen, wie sich zwei verschiedene Szenarien, in welchen Landnutzung und Klimawandel simuliert werden, auf den globalen Artenreichtum von Wirbeltieren auswirken (Hof et al. 2018:13294). Ausgangspunkt der Studie ist die Annahme, dass Klima- und Landnutzungsänderungen ergänzend auf die Biodiversität einwirken und ein Ausbau des Bioenergiesektors einen wichtigen Beitrag zum Klimaschutz leisten können (Hof et al. 2018:13294). Es wird von zwei globalen Bedrohungen für die Biodiversität ausgegangen. Einerseits gefährdet der Klimawandel die Biodiversität, dies wurde durch die Analyse von Häufigkeiten der Arten und Verschiebungen der Lebensräume polwärts bewiesen, andererseits wird sie auch durch Landnutzungsänderungen bedroht, welche mit Zerstörung, Fragmentierung und Degradierung der Habitate einhergehen (Hof et al. 2018:13295). Niedrigemissionsszenarien beinhalten oft einen starken Ausbau der Bioenergie mitsamt vermehrtem Energiepflanzenbau. Im Niedrigemissionsszenario wird neben einem Temperaturanstieg um 1,5 Grad im Vergleich zum vorindustriellen Niveau mit gleichzeitigem, starkem Anstieg der Anbauflächen für Energiepflanzen simuliert, im Hochemissionsszenario mit einer Erwärmung um 3 Grad hingegen keine vermehrte Nutzung von Energiepflanzen (Hof et al. 2018:13297). Der Vergleich beider Szenarien ergab, dass die kombinierten Auswirkungen der Klima- und Landnutzungsveränderung auf die Wirbeltiervielfalt in beiden Szenarien ähnliche Werte ergaben. Im Niedrigemissionsszenario waren vor allem Regionen von Biodiversitätsverlust betroffen, in welchen das Potential für Energiepflanzenanbau besonders groß war, hier spielen vor allem klimatisch geeignete Gebiete wie der Südamerikanische Regenwald eine Rolle, welche gleichzeitig die höchste Biodiversität weltweit aufweisen (Hof et al. 2018:13297). Das Hochemissionsszenario zeigte zwar etwas höhere Biodiversitätsverluste, dabei muss jedoch berücksichtigt werden, dass Arten ihren Lebensraum bei langsamen Klimaveränderungen räumlich verschieben können, während eine Intensivierung des Energiepflanzenanbaus häufig mit Landschaftsfragmentierung einhergeht, wodurch Artenwanderungen behindert werden (Hof et al. 2018:13298). Der Vergleich zeigt somit, dass sich sowohl die Auswirkungen des globalen Klimawandels, als auch die Auswirkungen einer gesteigerten Energiepflanzenproduktion zur Erzeugung von Bioenergie zur Abmilderung ebendessen gleichermaßen negativ auf die globale Biodiversität auswirken können.

3   Kritische Diskursanalyse

3.1   Betrachtung des öffentlichen Diskurses zum Thema Energiepflanzenbau

In den Tageszeitungen spiegelt sich der Werdegang des Diskurses um den Energiepflanzenbau in der Biogasbranche wider. Während die Stimmung bezüglich des Biogases aus Energiepflanzen in der deutschen Öffentlichkeit am Anfang des Jahrtausends durchaus positiv war, wandelte sie sich gegen das Jahr 2010 zunehmend in Kritik um (Herbes et al. 2014:102). Viele deutschsprachige Zeitungsartikel zum Thema Energiepflanzen enthalten in ihren Überschriften Begriffe wie „Vermaisung" und „Maiswüste", mit welchen negative Konnotationen verbunden sind, beispielsweise gehen sie häufig mit Schlagworten wie „Mogelpackung" (Tagesspiegel 2019), „Biodiesel-Lüge" (Welt am Sonntag 2004) oder „schlechte Klimabilanz" (Scinexx 2021) einher. Diese sprachlichen Muster variieren zwar in ihrem Wortschatz, es ist aber eine eindeutig negative Tendenz in der öffentlichen Stimmung gegenüber dem Anbau von Energiepflanzen zu erkennen.

3.2   Erklärung anhand von diskursiven Ereignissen

Zu den wesentlichen richtungsverändernden diskursiven Ereignissen zählen die Novellierung des EEG im Jahre 2008, welche den Energiepflanzenanbau auf stillgelegten Brachflächen erlaubte und die daraus folgende Intensivierung des Energiepflanzenbaus, welche bei der lokalen Bevölkerung auf massive Kritik stieß. Dadurch wurde der öffentliche Diskurs verändert und die Bioenergie, die zuvor als Chance im Bereich der Energiewende begriffen wurde, zunehmend kritisch betrachtet. Auch die Nahrungsmittelkrise der Jahre 2007 und 2008 kann als diskursives Ereignis betrachtet werden. Die Novellierung des EEG im Jahr 2012, in welcher der Einsatz von Silomais in Biogasanlagen auf höchstens 60% begrenzt wurde, war eine Reaktion der deutschen Energie- und Agrarpolitik auf den öffentlichen Diskurs. Bis heute beeinflusst das Narrativ der schlechten Klimabilanz den öffentlichen Diskurs, während andere Narrative wie die Konkurrenz zum Nahrungsmittelanbau und die Gefahr der Monokulturen zwar im Vergleich zu anderen Jahren an Bedeutung verloren haben, aber immer noch präsent sind.

4   Fazit

Auch wenn die Forschung zur Klimabilanz von Bioenergieträgern aus Energiepflanzen und den Auswirkungen des Energiepflanzenbaus auf Bodenqualität und das Grundwasser, sowie zur Biodiversität noch nicht abgeschlossen ist, lässt sich sagen, dass eine Ausweitung der Anbauflächen spezieller Energiepflanzen stark umstritten ist. CO_2 Emissionen, die im Verlauf des Anbau- und Verarbeitungsprozesses, sowie beim Transport anfallen oder durch direkte und indirekte Landnutzungsänderungen verursacht werden, werden durch andere im Lebenszyklus anfallende Treibhausgase wie Methan und Lachgas ergänzt, was bei den meisten Energiepflanzenarten für eine geringe Treibhausgaseinsparung gegenüber fossilen Energieträgern sorgt. Hinzu kommen die bei in intensiver Landwirtschaft angebauten Energiepflanzenarten entstehenden Probleme in Zusammenhang mit Boden- und Wasserqualität. Dabei sind vor allem Degradierung der Böden, Erosion, Humusabbau und verschlechterter Wasserhaushalt zu nennen. Hinzu kommen Gefahren für die Biodiversität, welche durch Landnutzungsänderungen, Monokulturen und den Einsatz von Pestiziden und Düngemitteln verursacht werden. Die zunehmende Sensibilisierung der Öffentlichkeit durch den sich wandelnden Diskurs um das Thema Energiepflanzen schlug sich auch in den Medien wie Tageszeitungen nieder und verursachte Änderungen der deutschen Energie- und Agrarpolitik. Mit der Obergrenze für Silomais in der Novellierung des EEG im Jahr 2009 und dem schrittweisen Rückgang der Anbauflächen für Energiepflanzen wurde auf den öffentlichen Diskurs reagiert. Gleichzeitig wurde dieser in den letzten Jahren von Möglichkeiten zur Verbesserung der Energiegewinnung aus Biomasse bestimmt. So bietet der Anbau verschiedener mehrjähriger Arten von Energiepflanzen in Kurzumtriebsplantagen eine Möglichkeit, Tier- und Pflanzenarten mittelfristig einen vielseitigen Lebensraum zu bieten, die Klimabilanz durch die Bindung von CO_2 zu verbessern und einer Degradation der Böden entgegenzuwirken. Auch bessere Kraft-Wärme-Kopplungen und die vermehrte von Rest- und Abfallnutzung können zu einer besseren Ausschöpfung des nachhaltigen Biomassepotentials führen.

Literaturverzeichnis

Baumann, A.; Oppermann, R.; (2007): BIOENERGIE? – ABER NATÜRLICH! Nachwachsende Rohstoffe aus Sicht des Umwelt- und Naturschutzes; Deutscher Verband für Landschaftspflege DVL e.V. und Naturschutzbund NABU (Hrsg.); Ansbach; Ausgabe 12

Blanco-Canqui, H. (2010): Energy Crops and Their Implications on Soil and Environment; Agronomy Journal Volume 102; S. 402-419; https://doi.org/10.2134/agronj2009.0333 (aufgerufen am 8.06.2021)

Bräuninger, M.; Leschus, L.; Vöpel, H.; (2008): Nachhaltigkeit von Biokraftstoffen: Ziele, Probleme und Instrumente; Wirtschaftsdienst Ausgabe 88, 54–61 (2008). https://doi.org/10.1007/s10273-008-0752-3

Bosch, S.; Peyke G.; (2011): Gegenwind für die Erneuerbaren – Räumliche Neuorientierung der Wind-, Solar- und Bioenergie vor dem Hintergrund einer verringerten Akzeptanz sowie zunehmender Flächennutzungskonflikte im ländlichen Raum; Raumforschung und Raumordnung; Ausgabe 69; S. 105-118

Bundesministerium für Umwelt, Naturschutz und nukleare Sicherheit BMU; (2021): Biomasse aus landwirtschaftlicher Erzeugung; https://www.bmu.de/themen/natur-biologische-vielfalt-arten/naturschutz-biologische-vielfalt/naturschutz-und-energie/naturschutz-und-bioenergie/ (aufgerufen am 10.07.2021)

Cadillo-Benalcazar J.; Bukkens S.; Ripa M.; Giampietro M.; (2021): Why does the European Union produce biofuels? Examining consistency and plausibility in prevailing narratives with quantitative storytelling; Energy Research & Social Science, Volume 71,

Fachagentur für Nachwachsende Rohstoffe FNR (2021): Anbau und Verwendung nachwachsender Rohstoffe in Deutschland, https://www.fnr-server.de/ftp/pdf/berichte/22004416.pdf (aufgerufen am 13.06.2021)

Fendler, R.; Hermann T.; Reuter M.; (2019): Biogasanlagen – Sicherheitstechnische Aspekte und Umweltauswirkungen; Umweltbundesamt; https://www.umweltbundesamt.de/sites/default/files/medien/376/publikationen/2019_04_10_uba_hg_biogasanlagen_bf_300dpi.pdf (aufgerufen am 11.06.2021)

Fritsche U.; Sims, R.; Monti, A.; (2010): Direct and indirect land-use competition issues for energy crops and their sustainable production – an overview; Biofpr; Special Issue: Biofuels for europe Volume 4; Issue 6; S.692-704

Gawel, E.; Ludwig G.; (2011): Nachhaltige Bioenergie – Instrumente zur Vermeidung negativer indirekter Landnutzungseffekte, Natur und Recht; Ausgabe 33; Article Number 329 https://doi.org/10.1007/s10357-011-2067-1

Glemnitz, M.; Hufnagel, J.; Platen, R.; (2008): Einfluss des Biomasseanbaus für Energiebereitstellung auf die Biodiversität; Landeskultur in Europa – Lernen von den Nachbarn; Deutsche Landeskulturgesellschaft; Müncheberg; Ausgabe 5; S. 175-193

Goldscheider N.; Neukum C.; Scheytt T.; (2021): Bioenergie und Grundwasser; Grundwasser – Zeitschrift der Fachsektion Hydrogeologie 26; 121-122; https://doi.org/10.1007/s00767-021-00481-3 (aufgerufen am 12.07.2021)

Herbes, C.; Jirka, E.; Braun, J.; Pukall, K.; (2014): Der gesellschaftliche Diskurs um den "Maisdeckel" vor und nach der Novelle des Erneuerbare-Energien-Gesetzes (EEG) 2012; In GAIA - Ecological Perspectives for Science and Society; Oekom; Munich Bd. 23, Ausg. 2, (2014): S. 100-108

Hof, C.; Voskamp, A.; Biber, M.; Böhning-Gaese, K.; Engel, E.; (2018): Bioenergy cropland expansion may offset positive effects of climate change mitigation for global vertebrate diversity; in PNAS (2018) Ausgabe 115; S. 13294-13299 https://doi.org/10.1073/pnas.1807745115

Jäger, M. (2008): Wie kritisch ist die Kritische Diskursanalyse? In Wiedemann T.; Lohmeier C. (Hrsg): Diskursanalyse für die Kommunikationswissenschaft - Theorie, Vorgehen, Erweiterungen; Salzburg, S. 61-80

Keller, R. (2018): Diskurslinguistik und Wissenssoziologie; In Warnke I. (Hrsg.): Handbuch Diskurs; De Gruyter; Berlin; S.30-52; https://doi.org/10.1515/9783110296075

Kern, J.; Don, A.; (2018): Agrarholz – Schnellwachsende Bäume in der Landwirtschaft; Springer Spektrum; Berlin, Heidelberg

Lee, Y.; Bückmann W.; Haber W.; (2008): Bio-Kraftstoff, Nachhaltigkeit, Boden- und Naturschutz; Natur und Recht; Ausgabe 30; S. 821-831; https://doi.org/10.1007/s10357-008-1579-9

Nationale Akademie der Wissenschaften Leopoldina (2012): Bioenergie – Möglichkeiten und Grenzen; Halle (Saale)

Megerle, H.; (2013): Landschaftsveränderungen durch Raumansprüche erneuerbarer Energien – aktuelle Entwicklungen und Forschungsperspektiven am Beispiel des Ländlichen Raumes in Baden-Württemberg; In: Gailing L.; Leibenath M. (eds) Neue Energielandschaften – Neue Perspektiven der Landschaftsforschung. Stadt, Raum und

Gesellschaft (Stadt – Region – Landschaft); Springer VS, Wiesbaden; https://doi.org/10.1007/978-3-531-19795-1_10

Müller-Lindenlauf, M.; (2013): Energie aus Biomasse – ein Beitrag zum Klimaschutz?! – Ökologische und soziale Bewertung von Bioenergie; In: van Saan-Klein B.; Geiger G.; (2013): Menschenrechte weltweit – Schöpfung bewahren! Grundlagen einer ethischen Umweltpolitik; Barbara Budrich Verlag; Opladen, Berlin, Toronto

Meyer, R.; Rösch C.; Sauter A.; (2007): Chancen und Herausforderungen neuer Energiepflanzen – Arbeitsbericht Nr. 121; Büro für Technikfolgenabschätzung beim Bundestag

Potter L.; (2016): The oil palm question in Borneo; In: Reflections on the Heart of Borneo; Tropenbos Volume 24; p. 69-90

Ruppert, H.; Ibendorf J.; (2017): Bioenergie im Spannungsfeld – Wege zu einer Nachhaltigen Bioenergieversorgung; Universitätsverlag Göttingen

Schittenhelm, S.; Kottmann L.; Schoo B.; (2017): Wasser als ertragsbegrenzender Faktor; Journal für Kulturpflanzen; Ausgabe 69; S.80-86

Schittenhelm, S.; Schoo B.; Schroetter S.; (2016): Ertragsphysiologie von Biogaspflanzen: Vergleich von Durchwachsener Silphie, Mais und Luzernegras; Journal für Kulturpflanzen; Ausgabe 68; S. 378-384

Umweltbundesamt (2018): Umwelt und Landwirtschaft; Daten zur Umwelt Ausgabe 2018